目錄

：附 STEAM UP 小學堂

中文（附粵語和普通話錄音）

英文

數學

常識

藝術

請把正確的字詞跟相配的圖畫連起來，然後掃描二維碼，跟着唸一唸字詞。

 粵語　 普通話

1 guā

瓜 •

•

2 cài

菜 •

•

3 dòu

豆 •

•

寫字練習。

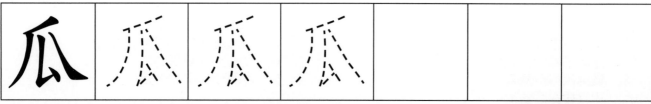

請把相配的圖畫和字詞用線連起來，然後用手指沿着虛線走。

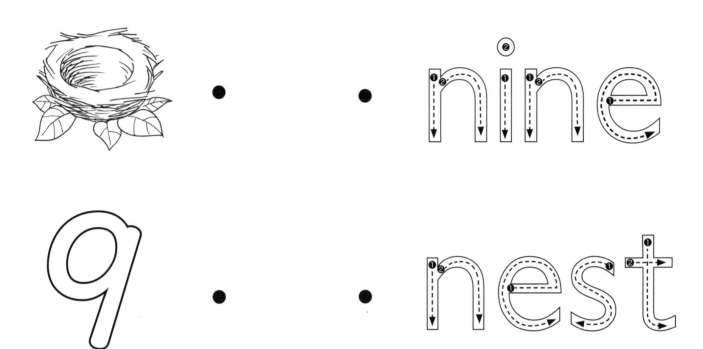

寫字練習。

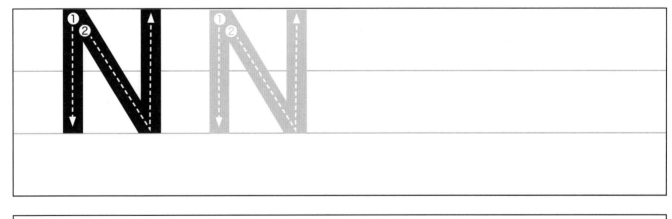

請數一數每種食物的數量，然後把正確的答案填在空格內。

(雪糕)	
(香蕉)	
(苦瓜)	
(茄子)	
(青瓜)	

你知道食物是從哪裏來嗎？請把相配的圖畫用線連起來。

 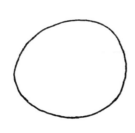  

請掃描二維碼，聽一聽他們喜歡吃什麼，然後從貼紙頁選取正確的字詞貼紙，貼在 □ 內。

1

wǒ xǐ huan hē
我喜歡喝 [　　] 。

 粵語　 普通話

2

dì di xǐ huan chī
弟弟喜歡吃 [　　] 。

 粵語　 普通話

3

mā ma xǐ huan chī
媽媽喜歡吃 [　　] 。

 粵語　 普通話

4

bà ba xǐ huan chī
爸爸喜歡吃 [　　] 。

 粵語　 普通話

- 認字：one、owl
- 寫字：O、o

日期：

請把相配的圖畫和字詞用線連起來，然後用手指沿着虛線走。

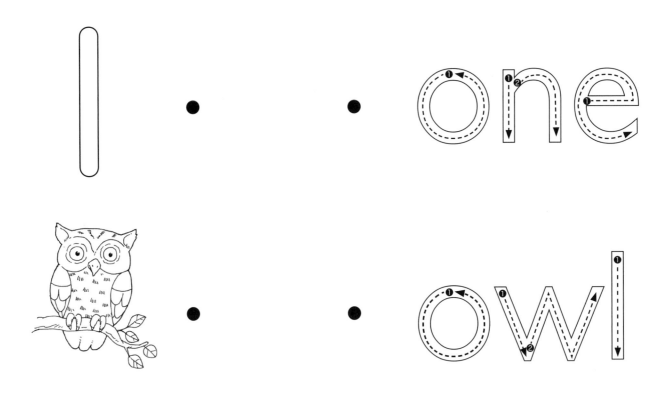

寫字練習。

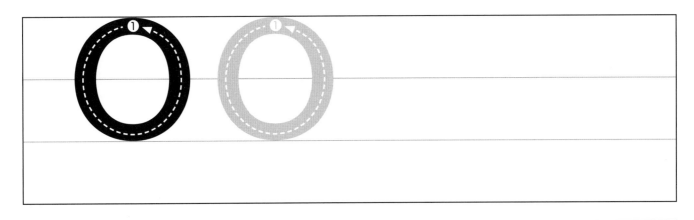

請把相配的圖形和物件用線連起來。

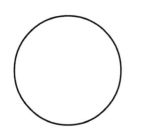　●　　　●　

　●　　　●　

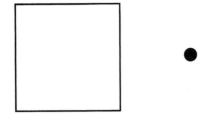　●　　　●　

　●　　　●　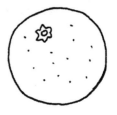

　●　　　●　

請按照指示給下面的食物填上顏色，然後把自己喜歡的食物畫在 ☐ 內，並填上顏色。

> 甜的食物：紅色　　鹹的食物：藍色
>
> 酸的食物：黃色　　苦的食物：綠色

⚛ STEAM UP 小學堂

我們能嘗到食物的味道，是因為舌頭上有無數顆味蕾，能夠讓我們感受不同的味道：甜、鹹、酸、苦。味蕾由味覺細胞組成，把我們感受到的味覺經感覺神經傳入大腦。

不過，當你捏着鼻子吃一顆糖果，你可能只能嘗出它的甜味，卻未必辨別出它是香草味還是草莓味，因為大腦能辨別哪些味道是從鼻孔吸入，然後結合嗅覺和味覺把氣味訊息傳送到大腦的不同區域，然後告訴我們那是什麼味道。

小朋友，你可以請爸媽為你預備以上的食物，嘗一嘗它們的味道呢！

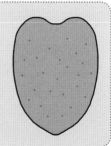

● 認識新年花卉的名稱
● 認讀：新年快樂

日期：

請從貼紙頁選取跟圖畫相配的字詞貼紙，貼在 ⌐ ⌐ 內，
然後掃描二維碼，跟着唸一唸字詞。

 粵語　 普通話

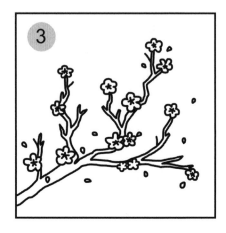

請掃描二維碼，聽一聽是什麼祝賀語，然後從貼紙頁選取
正確的字詞貼紙，貼在 ⌐ ⌐ 內。

 粵語　 普通話

4

 英文

- 認字：pan、pear
- 寫字：P、p

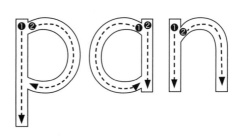

日期：

請把跟字詞相配的圖畫畫在 □ 內，然後用手指沿着虛線走。

寫字練習。

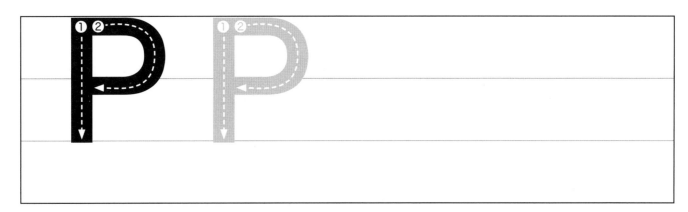

● 認識 17 的數字和數量
● 寫字：17

日期：

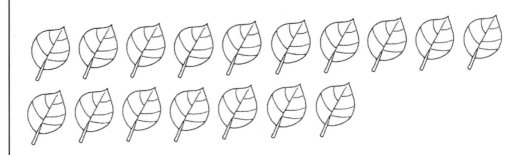

請數一數，哪一種花的數量是 17？把它們填上顏色。

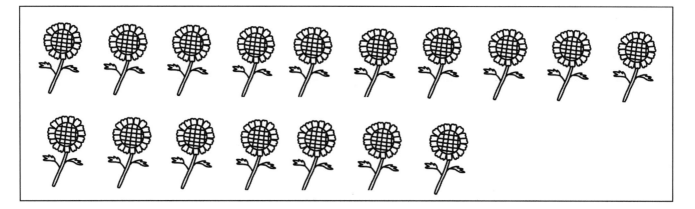

寫字練習。

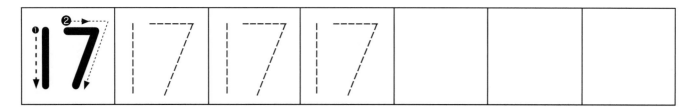

請按植物的生長過程，把圖畫貼紙貼在 ⬚ 內。

1

2

3

4

⚛ STEAM UP 小學堂

請你試試在家栽種一棵小植物，觀察它的生長過程。

植物的生長需要陽光、空氣、土壤和水分，而陽光和空氣要在地面上才有，所以植物發芽後，便鑽出地面上，以吸取陽光和空氣，然後一直向上生長了。

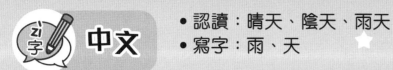
請把跟字詞相配的圖畫畫在 □ 內，然後掃描二維碼，跟着唸一唸字詞。

粵語

普通話

1	2	3
qíng tiān 晴 天	yīn tiān 陰 天	yǔ tiān 雨 天

寫字練習。

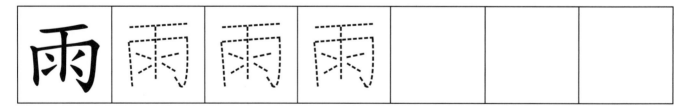

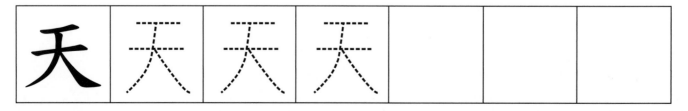

- 認字：quilt、quiet
- 寫字：Q、q

日期：

請從貼紙頁選取跟字詞相配的圖畫貼紙，貼在 ☐ 內，然後用手指沿着虛線走。

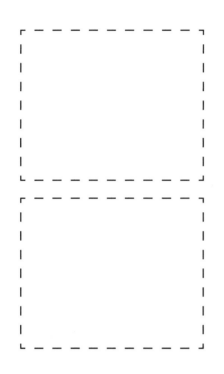

寫字練習。

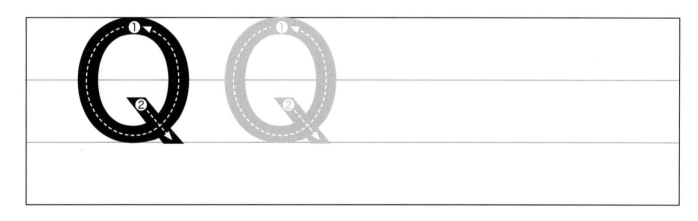

15

請從貼紙頁找出圖畫的另一半，然後把正確的圖畫貼紙貼在 ⬚ 內。

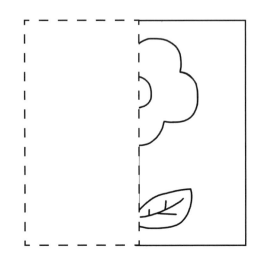

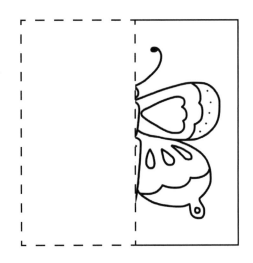

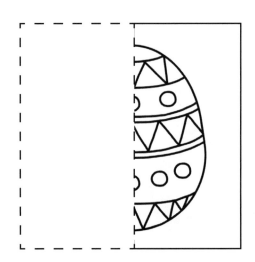

⚛ STEAM UP 小學堂

對稱是指一件物件或是一種圖案，在中間畫上一條直線後，能把兩邊分成均等的一半，而形狀和圖案完全相同。對稱可以分為左右對稱或上下對稱等。它除了是一種數學概念，也是一種藝術概念，用於不同的設計上。

請找一張手工紙，然後跟着以下步驟摺一朵花。

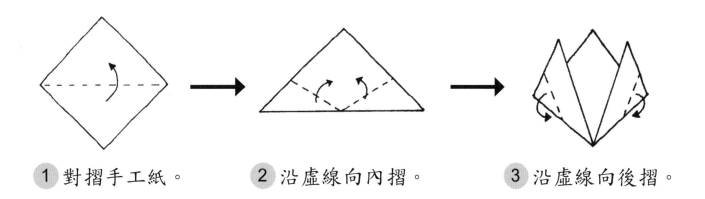

① 對摺手工紙。　　② 沿虛線向內摺。　　③ 沿虛線向後摺。

請把摺好的花貼在下面正確的位置。

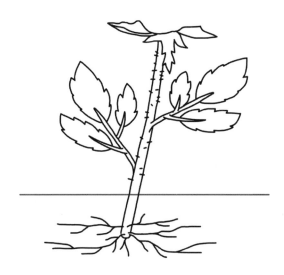

⚛ STEAM UP 小學堂

有些植物會開花是為了傳播花粉，長出鮮豔的花朵以吸引昆蟲，幫助它們把花粉帶到其他花朵上，讓花朵產生種子。很多花朵會用甜甜的花蜜來吸引昆蟲，當這些昆蟲採花蜜時，身上便會沾上花粉，然後把花粉帶到別的花朵上呢！

請從貼紙頁選取正確的字詞貼紙，貼在 □ 內，然後掃描二維碼，跟着用不同的交通工具名稱唸一唸句子。

 粵語　 普通話

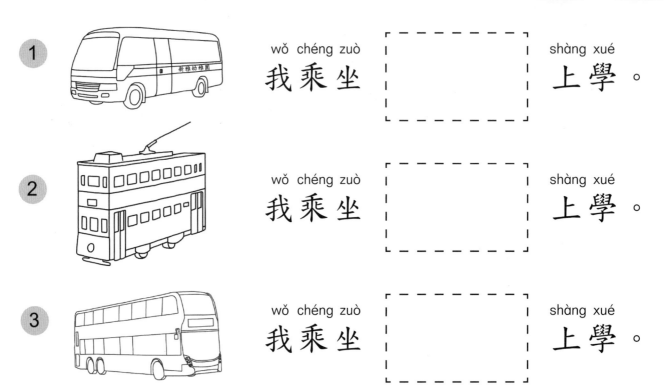

1　wǒ chéng zuò 我乘坐 ⬚ shàng xué 上學 。

2　wǒ chéng zuò 我乘坐 ⬚ shàng xué 上學 。

3　wǒ chéng zuò 我乘坐 ⬚ shàng xué 上學 。

寫字練習。

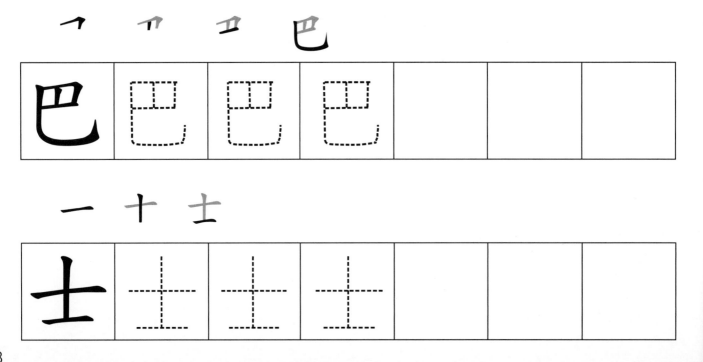

請把跟字詞相配的圖畫圈起來。

nest		
owl		
pear		
quilt		
pan		

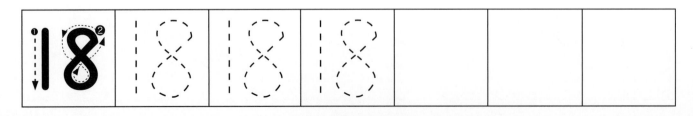
18

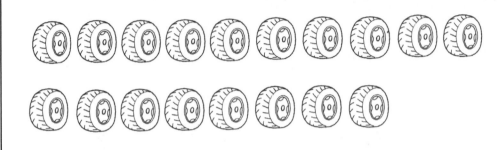

數一數，哪一種交通工具的數量是 18 ？請在 ☐ 內填上 ✓。

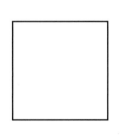

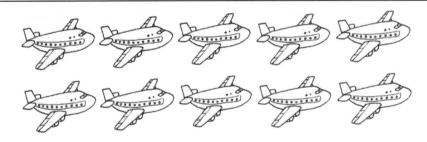

寫字練習。

20

哪個小朋友在乘坐交通工具時做得對？請在 ☐ 內填上 ✔。

請把正確的字詞圈起來，然後掃描二維碼，跟着唸一唸句子。

1

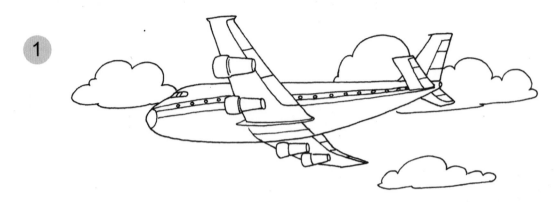

lún chuán	fēi jī
輪船	飛機

zài kōng zhōng fēi xíng
在空中飛行。

 粵語 普通話

2

lún chuán	fēi jī
輪船	飛機

zài hǎi shang háng xíng
在海上航行。

 粵語 普通話

寫字練習。

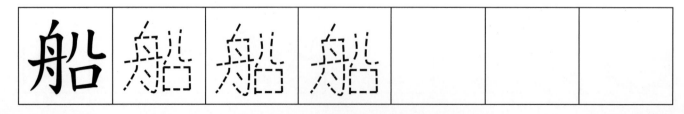

ʼ ㇆ 力 力 力 舟 舟 舟 舟 船 船

船	船	船	船			

請把相配的圖畫和字詞用線連起來，然後用手指沿着虛線走。

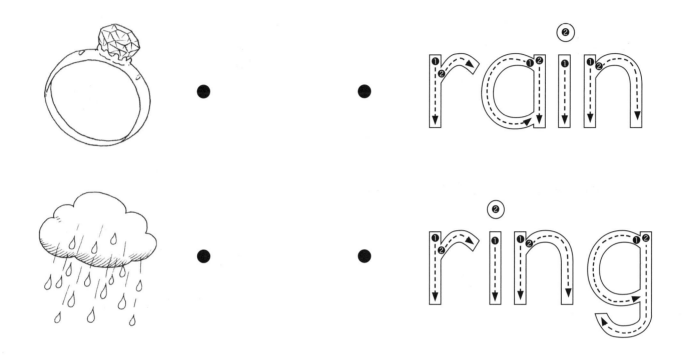

寫字練習。

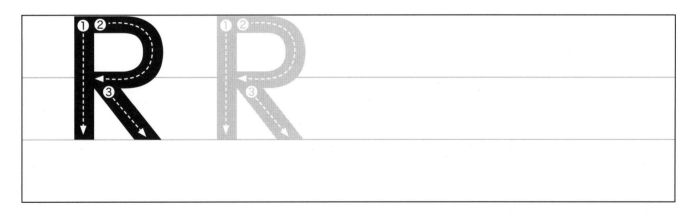

請把每組中數值較大的數字填上顏色。

請把每組中數值較小的數字填上顏色。

請把每組數值最小的數字圈起來。

請把每組數值最大的數字圈起來。

請找一個空盒、卡紙、一些手工紙、兩根吸管和一卷膠紙，然後跟着以下步驟製作立體汽車。

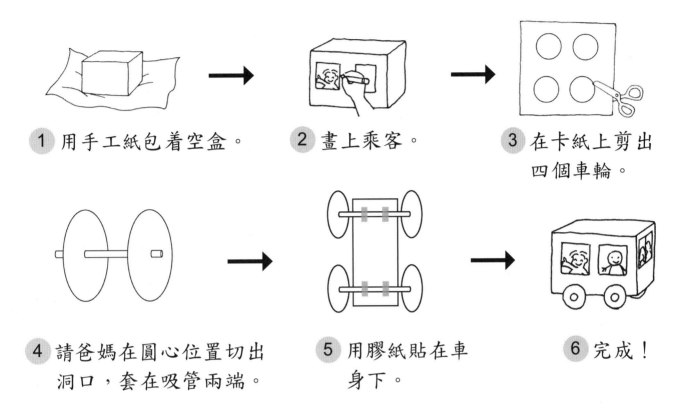

① 用手工紙包着空盒。

② 畫上乘客。

③ 在卡紙上剪出四個車輪。

④ 請爸媽在圓心位置切出洞口，套在吸管兩端。

⑤ 用膠紙貼在車身下。

⑥ 完成！

請剪出其他不同形狀的車輪，然後按上述步驟貼在車身上，再嘗試推動車子。哪種形狀的車輪行走得比較順暢呢？

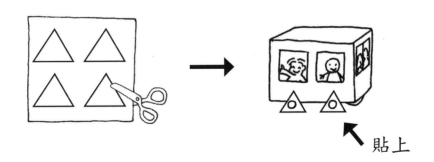

貼上

⚛ STEAM UP 小學堂

為什麼車輪通常是圓形的呢？因為當車輪在地面上滾動時，它與地面之間的距離都是相等的（圓形的半徑總是一樣），而且邊沿平滑，行走時會比較順暢和穩定。假如車輪是尖尖的，或是方方的，它與地面之間的距離便會時高時低，並且有角，走起來會有凹凸不平的感覺。

- 認讀：雨衣、毛衣、游泳衣
- 寫字：衣

日期：

請掃描二維碼，聽一聽小朋友想穿什麼，然後把小朋友跟相配的圖畫用線連起來。

1  ●

●

yǔ yī
雨衣

 粵語 普通話

2  ●

●

máo yī
毛衣

 粵語 普通話

3  ●

●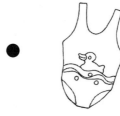

yóu yǒng yī
游泳衣

 粵語 普通話

寫字練習。

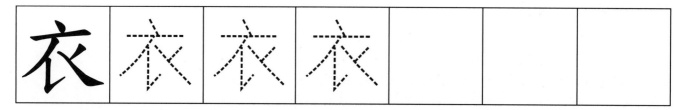

衣　衣　衣　衣

英文

• 認字：ship、shoe
• 寫字：S、s

日期：

請把跟字詞相配的圖畫畫在 ☐ 內，然後用手指沿着虛線走。

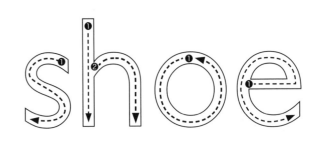

寫字練習。

19

數一數，哪一組衣服的數量是 19 ？請把該組衣服填上顏色。

寫字練習。

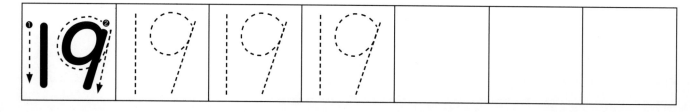

下面哪些方法可以用來處理不合穿的衣服？請在 ☐ 內貼上 ☆ 貼紙。

請看看各人要去哪裏買東西，然後把正確地點的方格填上顏色，再掃描二維碼，跟着唸一唸句子。

 粵語　 普通話

1

mā ma dào
媽媽到

| chāo jí shì chǎng
超級市場 |
| cài shì chǎng
菜市場 |

qù mǎi shí wù
去買食物。

2

gē ge dào
哥哥到

| bǐng diàn
餅店 |
| shū diàn
書店 |

qù mǎi shū
去買書。

3

mèi mei dào
妹妹到

| bǐng diàn
餅店 |
| shū diàn
書店 |

qù mǎi dàn gāo
去買蛋糕。

4

bà ba dào
爸爸到

| bǐng diàn
餅店 |
| fú zhuāng diàn
服裝店 |

qù mǎi yī fu
去買衣服。

請把相配的圖畫和字詞用線連起來，然後用手指沿着虛線走。

寫字練習。

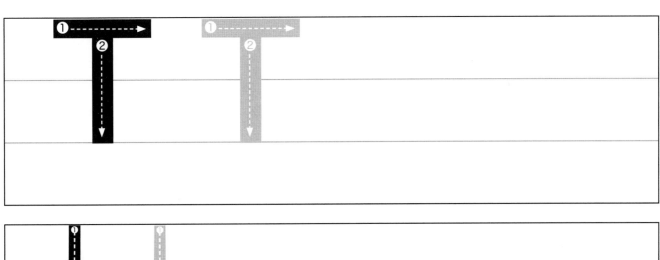

請把各人的正面和背面用線連起來。

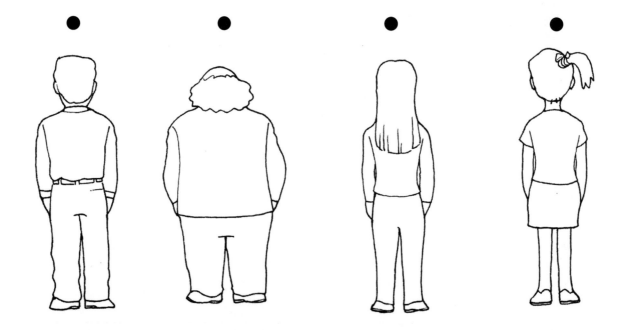

請根據指示把圍巾填上兩種顏色，然後看看混出來是什麼顏色吧！

紅色和黃色

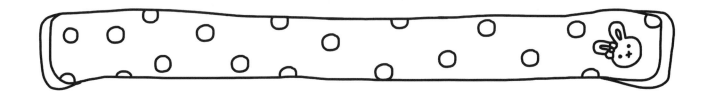

黃色和藍色

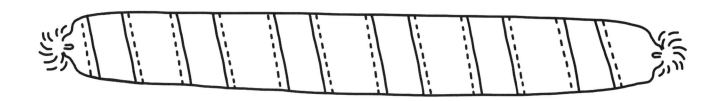

紅色和藍色

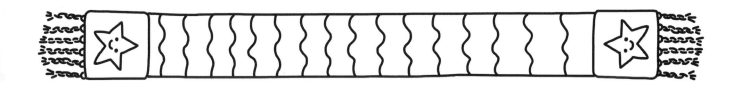

⚛ STEAM UP 小學堂

紅、黃和藍稱為三原色，當按不同比例將原色混合，可以產生出其他的顏色。如果黃色或紅色的比例較大，混出來的顏色看起來會較溫暖，稱為暖色，例如橙色；如果藍色的比例較大，混出來的顏色看起來會較冰冷，稱為冷色，例如綠色。

• 認讀：水果、水草、喝水、雨水

日期：

請把正確的字詞填在 ☐ 內，然後掃描二維碼，跟着唸一唸字詞。

shuǐ guǒ	shuǐ cǎo	hē shuǐ	yǔ shuǐ
水果	水草	喝水	雨水

1

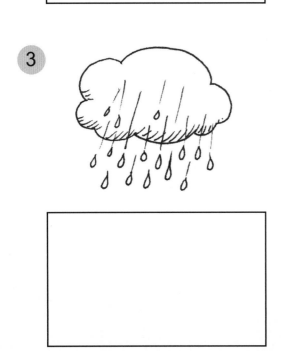

2

3

4

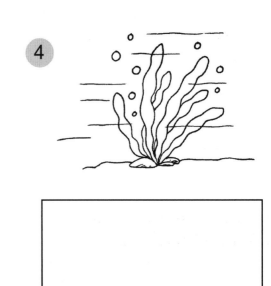

- 認字：under、up
- 寫字：U、u

日期：

請把相配的圖畫和字詞用線連起來，然後用手指沿着虛線走。

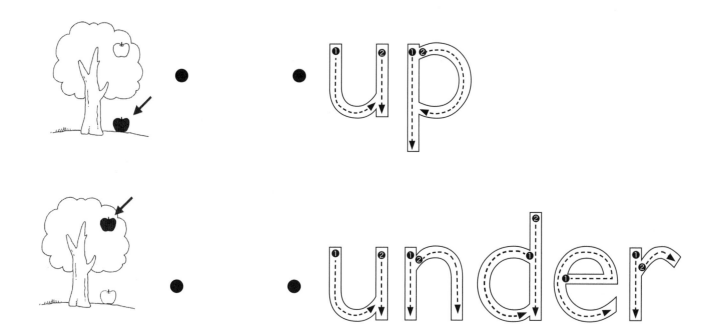

寫字練習。

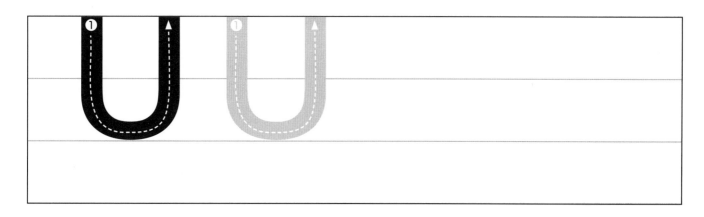

數學

20

數一數，哪一組物件的數量是 20 ？請把它們填上顏色。

寫字練習。

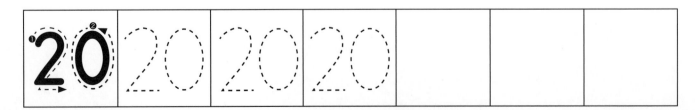

● 懂得珍惜用水

日期：

哪個小朋友用水時做得對？請把圖畫填上顏色。

那些東西會浮？那些東西會沉？請把相配的圖畫和字詞用線連起來，然後掃描二維碼，跟着唸一唸字詞。

粵語

普通話

●　　　●　　　●　　　●　　　●　　　●

●　　　●

fú　　chén

浮　沉

✷ STEAM UP 小學堂

密度比水高的物料，例如金屬、石頭等通常會往下沉，除非它裏面有很多的空氣，就如浮石，因它裏面大部分都是氣孔。你可以在家中用不同的物品，放到水中，看看它們是會浮的，還是會沉的。

請把跟圖相配的字詞圈起來。

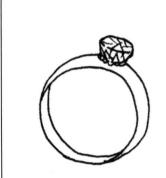

ring

apple

ship

boy

cat

tree

owl

umbrella

egg

rain

fish

shoe

請把正確的答案填在橫線上。

 和  是

0 和 **2** 是 _2_ 。

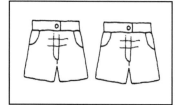 和  是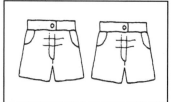

2 和 **0** 是 _____ 。

 和  是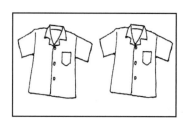

1 和 **1** 是 _____ 。

 **藝術**
• 吸管吹畫
• 認識水的特性

請預備水彩和一根吸管，然後跟着以下步驟製作吸管吹畫。

1 滴一些水彩在紙上。

2 用吸管把水彩吹散。

⚛ STEAM UP 小學堂

我們能運用吸管把水彩吹散，是因為水是液態，能夠隨着吹力在畫紙上流動。當孩子進行這活動時，可以觀察吹力的大小與水彩所呈現的形態之間的關係。當吹力大的時候，水彩散開得比較大。而向不同方向吹，水彩也會隨着不同方向流動。爸媽也可以請孩子試試拿起畫紙，向不同方向搖晃，看看水彩會怎樣吧！

● 認讀：春天、夏天、秋天、冬天

日期：

請從貼紙頁選取正確的字詞貼紙，貼在 □ 內，然後掃描二維碼，跟着唸一唸字詞。

 粵語　 普通話

請把圖畫跟相配的字詞連起來，然後用手指沿着虛線走。

寫字練習。

43

請把正確的答案填在橫線上。

 和 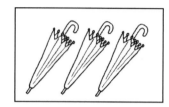 是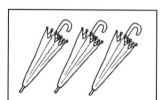

0 和 3 是 ＿＿＿＿。

 和  是

1 和 2 是 ＿＿＿＿。

 和  是

2 和 1 是 ＿＿＿＿。

以下是不同節日的物品，請把相配的圖畫用線連起來。

 ● ●

 ● ●

 ● ●

 ● ●

認讀：太陽、彩虹、閃電
寫字：彩、虹

日期：

請按字詞畫圖，然後掃描二維碼，跟着唸一唸字詞。

粵語

普通話

1	2	3
tài yáng 太陽	cǎi hóng 彩虹	shǎn diàn 閃電

寫字練習。

ノ ⺀ ⺀ ⺀ ⻌ 乎 乎 采 采 彩 彩

彩						

丶 ⼂ ⼝ ⼝ 中 虫 虫 虹 虹 虹

虹						

請把圖畫跟相配的字詞用線連起來，然後用手指沿着虛線走。

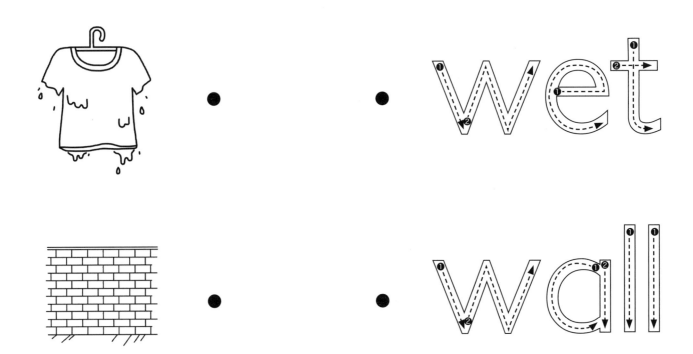

寫字練習。

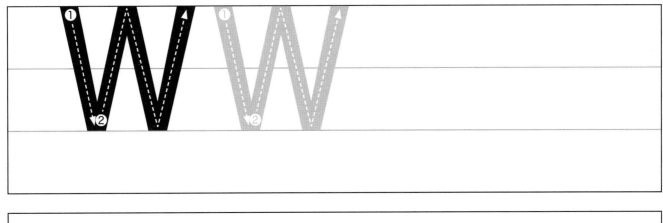

哪一個瓶子的容量最多？把它圈起來。

請在家中找出三個不同形狀的容器，盛滿水後，看看能倒滿多少個相同的杯子，比一比它們的容量，然後把結果記錄在下面的表格。

容器 （請把它畫出來）	可倒滿的杯子的數量	結果 （把答案圈起來）
		容量最多 / 最少
		容量最多 / 最少
		容量最多 / 最少

⚛ STEAM UP 小學堂

容量是指容器可放物件的空間大小，容器的形狀跟容量並沒有直接的關係。兩件容器的形狀不同，但容量可能是一樣的啊！所以我們要親手驗證，才可以找出準確的答案。

請替彩虹填上漂亮的顏色。

STEAM UP 小學堂

下雨後，空氣中充滿着微小的水珠，當陽光穿過水珠時，光會被折射和反射，不同顏色的光被分離出來，形成彩虹。每一道彩虹的顏色深淺和亮麗程度其實都不一樣，而且彩虹不一定是出現在下雨後，我們有時在瀑布附近也有機會看得到。你也可以嘗試在陽光普照時到戶外吹泡泡，當陽光折射在泡泡上面的時候，也許會發現在泡泡中的彩虹呢！

請掃描二維碼，聽一聽句子，然後從貼紙頁選取正確的字詞貼紙，貼在 ⌐ ¬ 內。

1

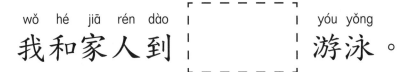

wǒ hé jiā rén dào　　　　　　yóu yǒng
我 和 家 人 到 ⌐　　　　 ¬ 游 泳。

2

wǒ hé jiā rén dào　　　　　　yóu yǒng
我 和 家 人 到 ⌐　　　　 ¬ 游 泳。

請把圖畫填上顏色，然後用手指沿着虛線走。

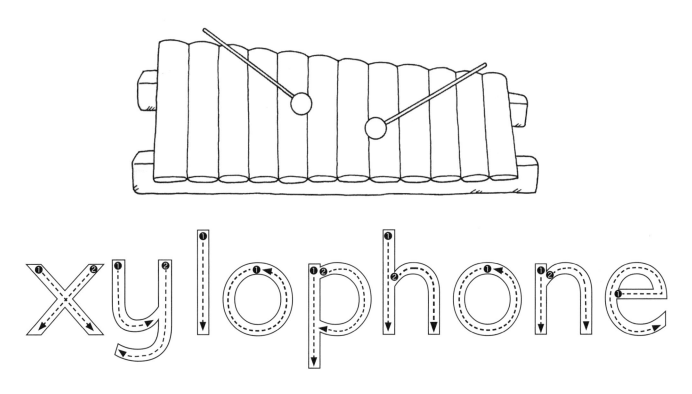

寫字練習。

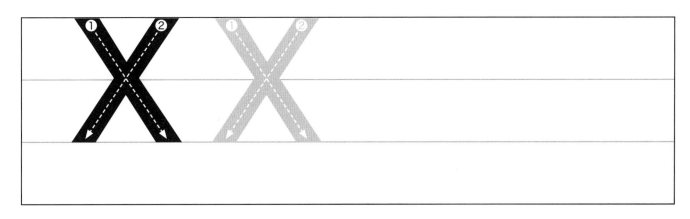

請把正確的答案填在橫線上。

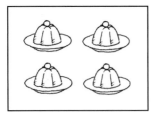 和  是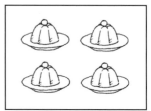

4 和 0 是 _____ 。

 和  是

1 和 3 是 _____ 。

 和  是

2 和 2 是 _____ 。

在保持環境清潔方面，哪個小朋友做得對？請把 ◯ 填上顏色。

請掃描二維碼，聽一聽是什麼字詞，然後從貼紙頁選取正確的字詞貼紙，貼在 ⬚ 內，最後圈出正確的圖畫。

1　 粵語　 普通話　⬚　　

2　 粵語　 普通話　⬚　　

3　 粵語　 普通話　⬚　　　

寫字練習。

一 丆 丆 石 石

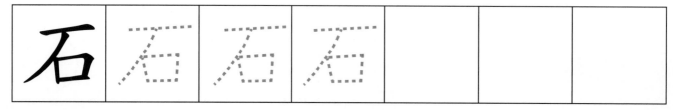

請把跟字詞相配的圖畫畫在 □ 內，然後用手指沿着虛線走。

 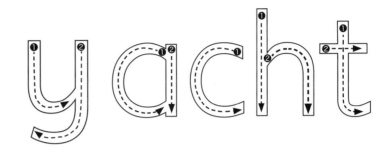

寫字練習。

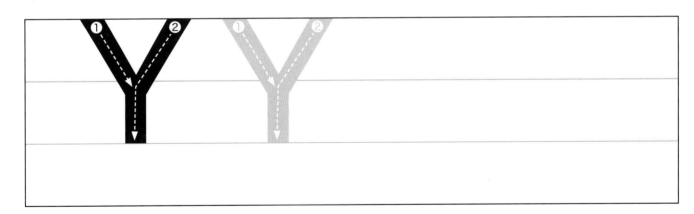

  **數學**

- 認識整體和部分的概念
- 認識中間

日期：

請把每種物件的整體和部分用線連起來。

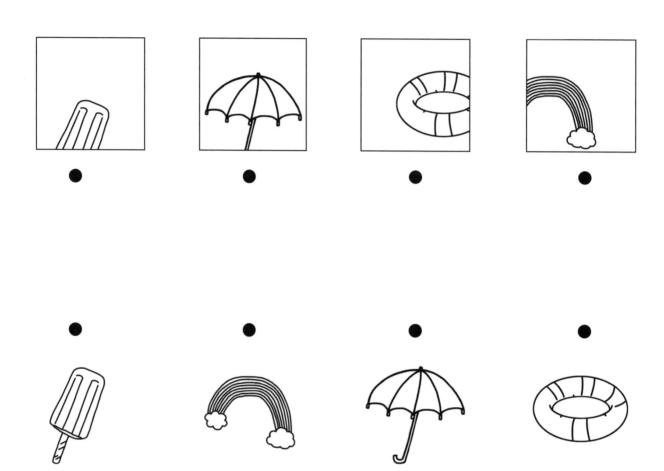

請把各圖中在「中間」位置的物品填上顏色。

56

夏天來了，請跟着以下步驟摺紙扇。

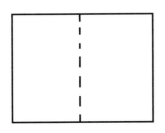

❶ 把長方形紙張對摺再翻開，見中線摺痕。

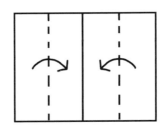

❷ 左右兩邊沿虛線摺向中線。

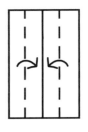

❸ 再把左右兩邊沿虛線再摺向中線。

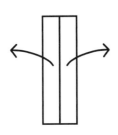

❹ 把紙張左右打開。

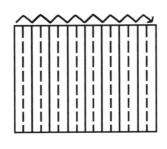

❺ 沿虛線層層風琴式地曲摺。

❻ 用線將紙張下端扎緊。

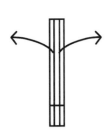

❼ 打開扇子上端。

❽ 完成！

⚛ STEAM UP 小學堂

當我們撥動紙扇的時候，其實是在撥動空氣，使空氣流動而形成風。紙扇的大小和撥動的力度，也會影響空氣的流動，所產生的風力也會不同。你可以嘗試摺出不同大小的紙扇，以及用不同的力度來撥動，看看會產生什麼不同的效果。

請掃描二維碼，聽一聽是什麼字詞，然後把正確的圖畫圈起來。

①

請掃描二維碼，聽一聽是什麼句子，然後把正確字詞的方格填上顏色，並跟着唸一唸句子。

②

wǒ zài 我在

bái tiān 白天
wǎn shang 晚上

zuò yùn dòng 做運動。

③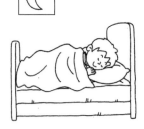

wǒ zài 我在

bái tiān 白天
wǎn shang 晚上

shuì jiào 睡覺。

寫字練習。

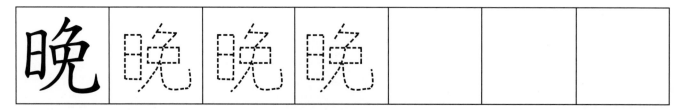

丨 冂 冃 日 日' 旷 昈 昈 昈 晚 晚

晚	晚	晚	晚			

請把相配的圖畫和字詞用線連起來，然後用手指沿着虛線走。

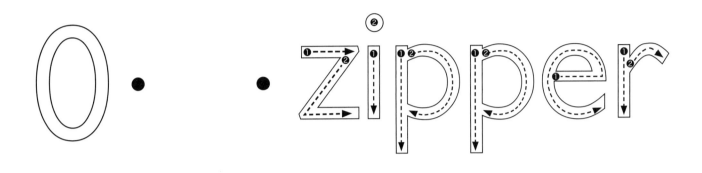

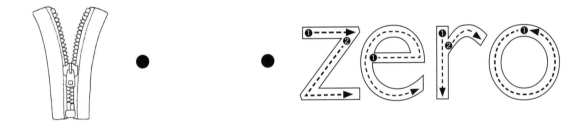

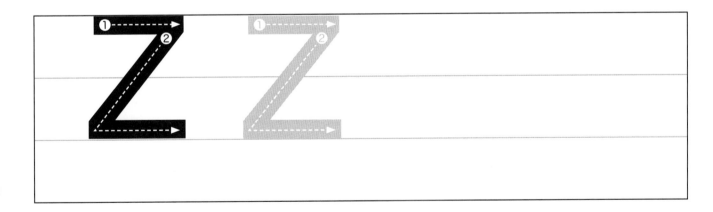

請把正確的答案填在橫線上。

 和 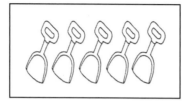 是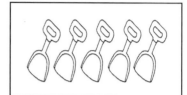

0 和 5 是 ＿＿＿ 。

 和  是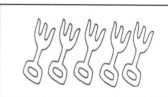

4 和 1 是 ＿＿＿ 。

 和  是

2 和 3 是 ＿＿＿ 。

小朋友，暑假到了，你會參加什麼活動呢？請把你喜歡的活動填上顏色。

- 認讀：洗手、洗臉、洗澡、刷牙
- 寫字：洗

日期：

請掃描二維碼，聽一聽是什麼句子，然後把二維碼跟相配的句子用線連起來。

wǒ huì zì jǐ xǐ shǒu
我會自己洗手。●

● 粵語　 普通話

wǒ huì zì jǐ xǐ liǎn
我會自己洗臉。●

● 粵語　 普通話

wǒ huì zì jǐ xǐ zǎo
我會自己洗澡。●

● 粵語　 普通話

wǒ huì zì jǐ shuā yá
我會自己刷牙。●

● 粵語　 普通話

寫字練習。

丶 丶 氵 氵 汇 汁 浐 涉 洗

洗	洗	洗	洗			

請把正確的字詞和圖畫用線連起來。

vest　•

•

wall　•

•

yacht　•

•

zipper　•

•

violin　•

•

- 温習 20 以內的順序
- 認識拉鏈

日期：

請按 1-20 的順序用線連起來。

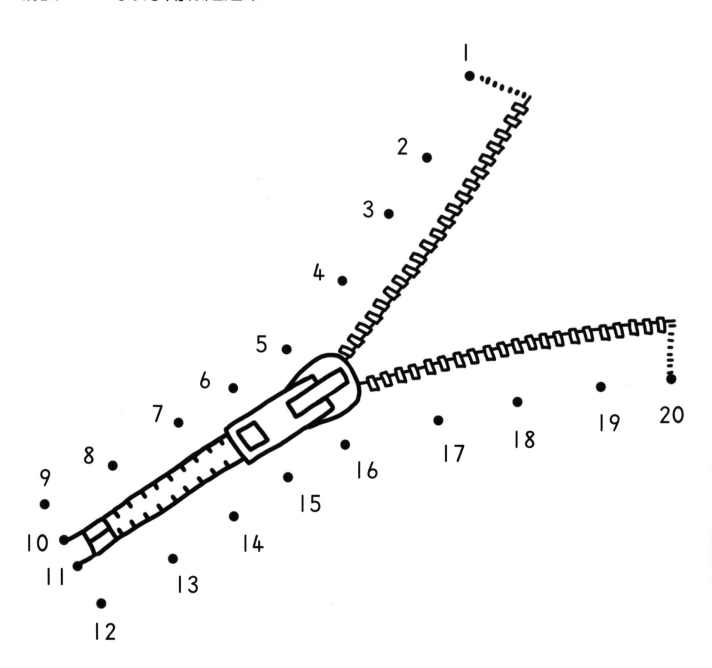